- 1873(明治6)年、日本に「グレゴリオ暦」が導入された

- 1880年、キュリー兄弟が「水晶」の性質を発見し、クオーツ時計の開発につながった

- 1967年、国際度量衡総会でセシウム原子の振動数をもとに「1秒」が決められ、原子時計が「時間のものさし」になった

15世紀*、ヨーロッパで「砂時計」が使われた

17世紀中ごろ、クリスチャン＝ホイヘンスが正確な「ふりこ時計」を開発した

900年ころ、イギリスで「ろうそく時計」が使われた

1000年　　　　　　　　　　　　　　　　　　　　　　2000年

660年、中大兄皇子が「漏刻」をつくらせた

1582年、ガリレオ＝ガリレイが「ふりこの等時性」を発見した

1582年、グレゴリウス13世が「グレゴリオ暦」で、うるう年の細かなルールを決めた

＊世紀：西暦で100年を1つのまとまりにする年代の表し方。西暦1年(＝紀元1年)から100年までが1世紀、2001年から2100年までは21世紀となる

ふしぎ？ふしぎ！
〈時間（じかん）〉
ものしり
大百科（だいひゃっか）

① 見（み）える〈時間（じかん）〉
くらしに役立（やくだ）つ時計（とけい）と暦（こよみ）

山口大学 時間学研究所 監修
藤沢 健太 著

ミネルヴァ書房

ふしぎ？ふしぎ！〈時間〉ものしり大百科 ① 見える〈時間〉 くらしに役立つ時計と暦

はじめに

　私たちがふつうに生活している中で、「時間」に関してふしぎなことはたくさんあります。

　なぜ、1日は24時間なのでしょうか。時計はいつだれが発明したのでしょうか。暦はどのようにつくられてきたのでしょうか。そして時間や時計は、私たちの生活の中でどんなふうに使われているのでしょうか。

　もし、10年後の自分に会うことができたら、何を聞いてみたいですか。時間を飛びこえるタイムマシンをつくることはできるのでしょうか。

　ブラックホールの近くでは、時間がゆっくり進むといわれていますが、そこではいったい何が起きているのでしょうか。

　友達とすごす楽しい時間は、あっという間にすぎてしまいます。でも、たいくつな話を聞いているときは、いつまでたっても時間が進まないような気がします。時間の感じ方は、なぜ気持ちによって変わるのでしょうか。

　これらのなぞを解き明かす、ふしぎで楽しい「時間」の世界を探検してみましょう。

この本の見方

もくじ

第1章 時間はこうしてつくられた ……4
「時間」がなくなったらどうなる？

- 「時」の始まり……6
- 動きを数で表し、時を知る……8
- いろいろな時計の発明……10
- 「1週間」の始まり……12
- 「1年」の始まりと暦……14
- 「うるう年」の決め方……16
- ふりこの決まりを発見！……18

第2章 日本人のくらしと時間 ……20
日本の「時間」「暦」はどのように決まったの？

- 江戸時代の時刻制度……22
- 日本人のくらしと暦……24
- 世界各国の時刻のちがい……26

第3章 時間をはかるすごい技術 ……28
「1日」の長さがのびている？

- 正確な「クオーツ時計」……30
- 「原子時計」は国際基準……32
- くらしに役立つ原子時計……34
- 世界共通、時間のものさし……36

さくいん……38

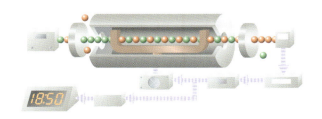

「時」の始まり

「1日」は太陽の動きから考えられた！

大むかしの人は、自然界に見られるくり返しの運動を見て、時間を知りました。かれらにとって身近でわかりやすいくり返しの運動は、「太陽の動き」です。朝になると太陽が東の方角からのぼり（日の出）、昼に南の空でもっとも高くなり、夕方に西の方角にしずみます（日の入り）。太陽が出ている昼は明るく、夜は暗くなります。大むかしの人は、太陽がのぼり、しずみ、ふたたびのぼるまでの間を「1日」としました。

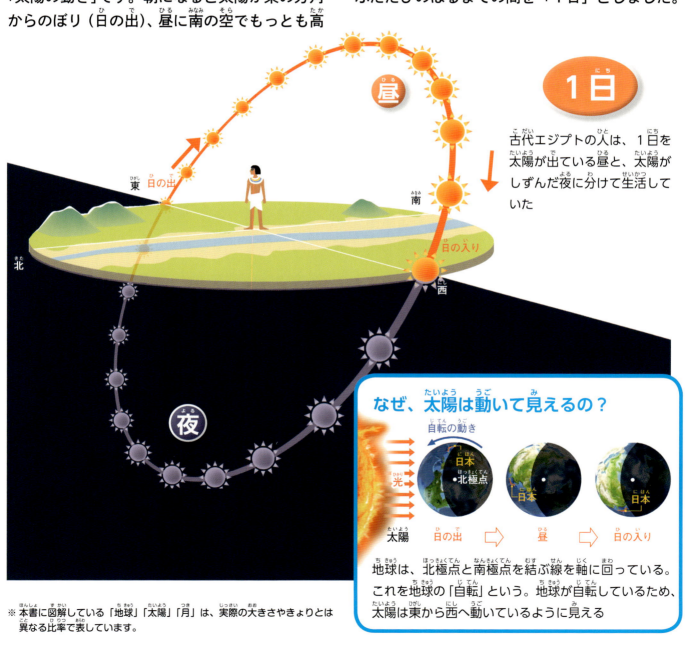

古代エジプトの人は、1日を太陽が出ている昼と、太陽がしずんだ夜に分けて生活していた

なぜ、太陽は動いて見えるの？

地球は、北極点と南極点を結ぶ線を軸に回っている。これを地球の「自転」という。地球が自転しているため、太陽は東から西へ動いているように見える

※ 本書に図解している「地球」「太陽」「月」は、実際の大きさやきょりとは異なる比率で表しています。

「1か月」は月の満ち欠けから決められた！

自然界で見られるくり返しの運動に、「月の満ち欠け」があります。地球上から夜空の月を観察すると、月の形は毎日変化しているように見えます。この変化を月の満ち欠けといいます。真っ暗で何も見えない「新月」から始まって、かがやく面が半分ほど見える「上弦」、丸く見える「満月」、上弦と逆向きに見える「下弦」と変化していき、約29.5日後に次の新月にもどります。大むかしの人は、新月から次の新月までを「1か月」と決め、生活に役立てました。

地球上から見て、月と太陽が同じ方向にあるときを新月という。新月から約7日後に上弦となり、約15日後に満月、約22日後に下弦、約29.5日後に次の新月となる

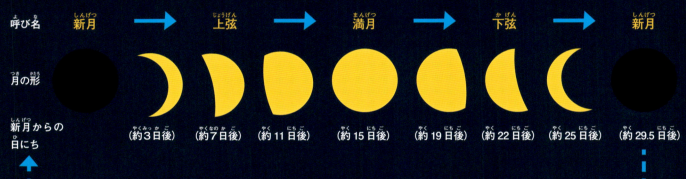

なぜ、月は満ち欠けするの？

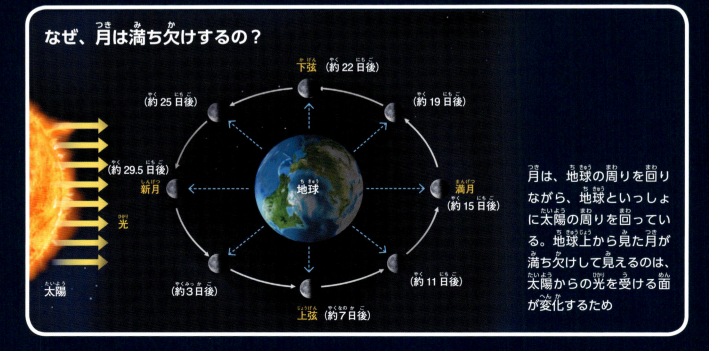

月は、地球の周りを回りながら、地球といっしょに太陽の周りを回っている。地球上から見た月が満ち欠けして見えるのは、太陽からの光を受ける面が変化するため

動きを数で表し、時を知る

時間とは、運動の数だ

アリストテレス
（紀元前384〜紀元前322年）

考えたのはどんな人？

「地球は球体である」という説について科学的な証拠を示した人物。哲学者でもあり、科学者でもあった

⌛ 自然界の動きを数で表す

　古代ギリシアの哲学者アリストテレスは、「時間とは、運動の数だ」と考えました。自然界にはさまざまな動きがあり、人はそれを数え、数字で表しました。たとえば、1日のうちに太陽がどのくらい動いたかを数え、それを数で表すこともできます。アリストテレスは自然界の動きに注目し、「時間はまるで、数字が並んだ一本の線のように見えてくる」といいました。さらに、「今、起こっていることは、その線上の点のようなもの」と考えたのです。

8

かげの動きを利用した日時計

時刻を知るために、規則的にくり返す太陽の動きを利用した装置が「日時計」です。その歴史はたいへん古く、紀元前2000年ごろの古代バビロニア（現在のイラク）で、すでに使われていました。また、紀元前500年ごろの古代ギリシアでも、日時計は使われていました。

日時計は時代とともに発達し、さまざまな形のものがつくられましたが、その基本的なしくみは、棒のかげの位置を見て時刻をはかるものでした。しかし日時計には、夜は使えず、くもりや雨の日も使えないという欠点がありました。

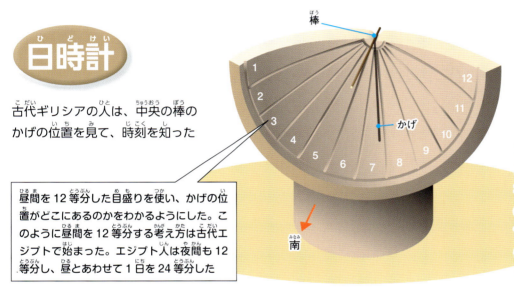

日時計

古代ギリシアの人は、中央の棒のかげの位置を見て、時刻を知った

昼間を12等分した目盛りを使い、かげの位置がどこにあるのかをわかるようにした。このように昼間を12等分する考え方は古代エジプトで始まった。エジプト人は夜間も12等分し、昼とあわせて1日を24等分した

古代ギリシアの天文学者は「太陽は天球という球面の上を動いている」と考えた。そのため天球ににせてつくったすりばち型の球面にかげができるように工夫し、時間を知ろうとした

日時計で時刻がわかるしくみ

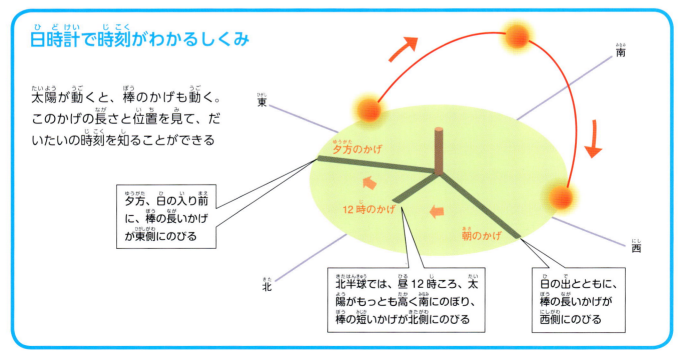

太陽が動くと、棒のかげも動く。このかげの長さと位置を見て、だいたいの時刻を知ることができる

夕方、日の入り前に、棒の長いかげが東側にのびる

北半球では、昼12時ころ、太陽がもっとも高く南にのぼり、棒の短いかげが北側にのびる

日の出とともに、棒の長いかげが西側にのびる

第1章 時間はこうしてつくられた

9

いろいろな時計の発明

変化する現象を数える！

むかしの人が時刻を知るために使った時計には、日時計のように、自然界のくり返す動きを利用したものと、あるものが少しずつ変化する現象を利用したものがありました。

たとえば「水時計」は、容器に入れた水が小さな穴から少しずつ落ちていく現象を利用して、水の量をはかることで、時刻を知りました。むかしの日本でも、「漏刻」（→ p.21）と呼ばれる水時計の一種が使われていました。

ほかにも、火を使った「ろうそく時計」や「線香時計」、砂を使った「砂時計」がありました。

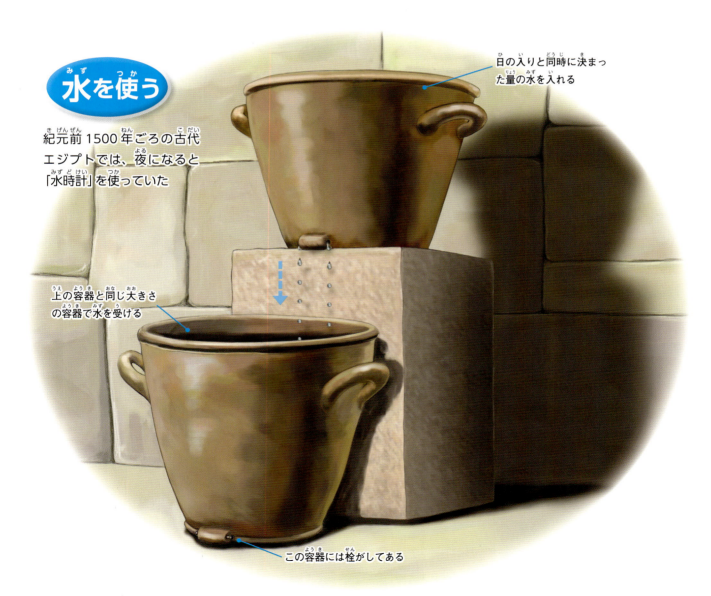

水を使う

紀元前1500年ごろの古代エジプトでは、夜になると「水時計」を使っていた

日の入りと同時に決まった量の水を入れる

上の容器と同じ大きさの容器で水を受ける

この容器には栓がしてある

第1章 時間はこうしてつくられた

火を使う

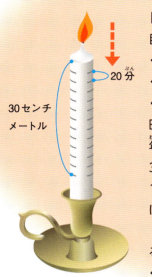

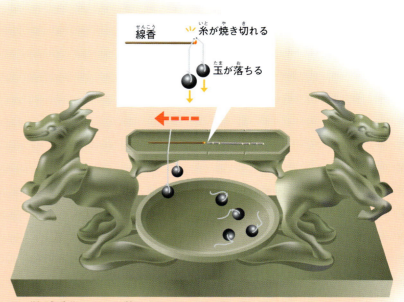

「ろうそく時計」は、目盛をつけたろうそくに火をつけ、ろうそくが燃えて少しずつ短くなる現象を利用して時間をはかった。900年ごろのイギリスでは、30センチメートルを12等分した目盛をつけ、1目盛で約20分、1本で約4時間をはかることができるろうそく時計が使われていた

「線香時計」は、銅の玉をつけた糸を同じ間かくで皿につり下げ、皿に置いた線香が少しずつ燃え進み、糸を焼き切る現象を利用した。落ちた玉が受け皿にあたる音で時間をはかった。紀元前2000年ごろの中国で使われていた

砂を使う

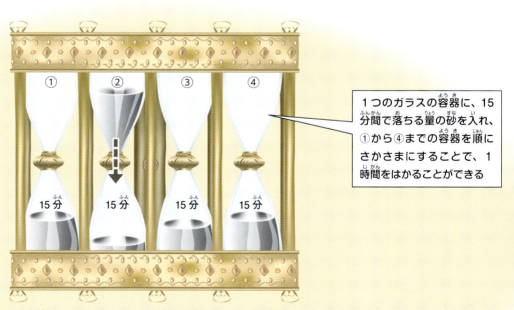

1つのガラスの容器に、15分間で落ちる量の砂を入れ、①から④までの容器を順にさかさまにすることで、1時間をはかることができる

「砂時計」は、中央がくびれたガラスの容器に砂を入れ、容器をさかさまにすることで、砂が少しずつ落ちる現象を利用して、一定の時間をはかった。何度でもくり返し使え、大航海時代（15世紀中ごろ）のヨーロッパで広まったとされている

「1週間」の始まり

 ## 1週間はなぜ7日間なの？

　私たちの社会は、7つの曜日からなる1週間でくり返しをします。この7日でくり返す生活のリズムは、古代バビロニア（現在のイラク）で始まったとされています。月の形が約7日ごとに、新月・上弦・満月・下弦・新月とくり返し変化して見えることから、1週間の単位がつくられたとする説があります。

　また、この規則はキリスト教にも取り入れられていて、旧約聖書の最初のところに「神様が6日かけて世界をつくり、7日目に休んだ」と書かれています。これは、現在では日曜日が休日になっていることにつながっています。なお、イスラム教の国では、休日は金曜日です。

　日本では、江戸時代の終わりまで、1週間というくり返しはほとんど使われることはありませんでした。1873（明治6）年に「グレゴリオ暦」（→ p.16）が使われるようになってから、日常生活でも1週間というくり返しが使われるようになりました。日本で曜日を表す日・月・火・水・木・金・土は、天体（星）の名前＊がつけられています。これらは明るく、星座の中を動いていくようすを見ることができる太陽系の天体です。暦は天体を観察してつくられたので、その名前が曜日に残っているのです。

＊天体（星）の名前：太陽（日）・月（月）・火星・水星・木星・金星・土星（火・水・木・金・土）の名前がつけられた

第1章 時間はこうしてつくられた

★ 時間や暦の単位と「12進法」「60進法」

私たちがふだん使う長さや重さの単位は、「10進法」であらわすものが多い。

しかし、時間や暦の単位は、「12進法」や「60進法」であらわす。それは、古代バビロニアや古代エジプトで研究された天文と関係があると考えられている。日の出から次の日の出までを「1日」とし、昼と夜をそれぞれ12等分して1日を24時間とする考え方や、太陽や月の動きから、「1年」を約365日、12か月とし、1か月を約30日とする考え方が関係していると考えられる。

円周を半径の長さで分けると6等分することができ、それぞれを半分に分けると12等分される。12等分されたものは、6つで半分、4つで3等分、3つで4等分、2つで6等分になるので、「12」は分けるのに便利な数字だった。また、12等分されたものをさらに5等分すると、全部で「60」になることから、「60」が時間の「分」や「秒」の単位に使われるようになったと考えられる。

「12」の約数* ⇒ 1・2・3・4・6・12
「60」の約数 ⇒ 1・2・3・4・5・6・10・12・15・20・30・60

「60」は、1から100までの数字の中で、もっとも約数の多い数字で、それだけ分けるのに便利な数字といえる

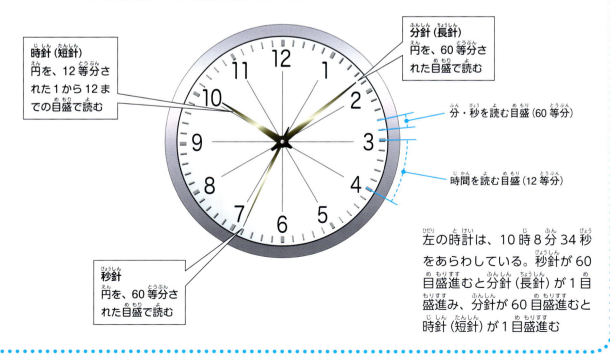

*約数：ある整数を割り切ることができる整数

13

「1年」の始まりと暦

⌛ 「1年」を365日と約4分の1日と決めた「ユリウス暦」

　地球が太陽の周りを回ることを「公転」といいます。「1年」とは、地球が太陽の周りをちょうど一周する時間です。自然界には、1年の周期でくり返すさまざまな現象があります。たとえば、季節による気温の変化や川のはんらん、台風の上陸、植物の成長、冬ごもりをする動物の行動などです。

　古代エジプトの人は、毎年1回はんらんするナイル川のようすを見て、1年という時間のくり返しに気づきました。そして、太陽や星、月の動きを観察して、1年を「はんらん」「種まき」「収かく」の3つの時期で表した暦をつくりました。

　さらに、太陽の動きを何年間もかけて観察して、紀元前45年、古代ローマの皇帝ユリウス＝カエサルによって、1年を365日と約4分の1日とする「ユリウス暦」が決められました。国を治めるためには、毎年決まった時期に必要な食料を確保することが重要です。そのため、1年を月や曜日などに分け、農業に必要な行事を見やすく表した暦がつくられるようになりました。

第1章 **時間はこうしてつくられた**

古代エジプトの暦

古代エジプトでは、ナイル川がはんらんすることで土地が肥え、はんらんがおさまったあと種をまき、育ったこくもつを収かくすることをくり返していた。それを表したものが暦になった

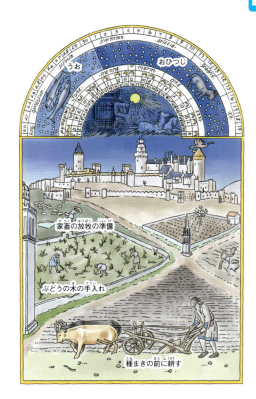

15世紀フランスの暦

3月の行事が描かれた暦。種まきの前に畑をたがやし、ぶどうの木を手入れし、家畜を放牧する準備を行うことが描かれている。
上には、3月に太陽が通っていく「うお座」「おひつじ座」も描かれていて、1年の周期でくり返す星の動きが暦と関係していることを表している

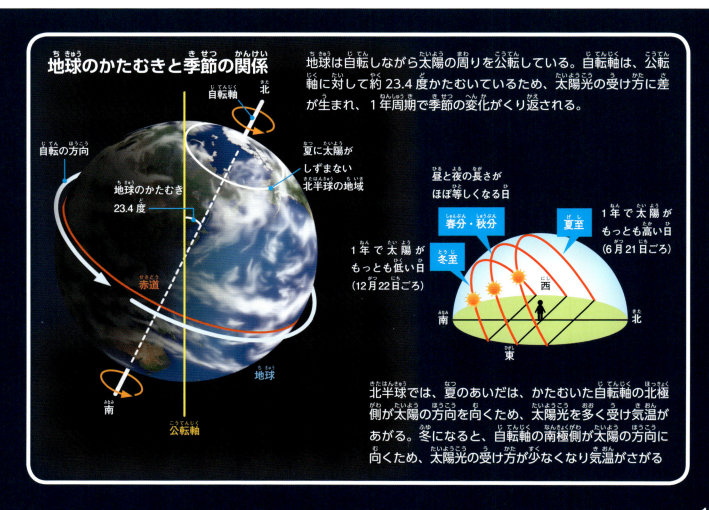

地球のかたむきと季節の関係

地球は自転しながら太陽の周りを公転している。自転軸は、公転軸に対して約23.4度かたむいているため、太陽光の受け方に差が生まれ、1年周期で季節の変化がくり返される。

北半球では、夏のあいだは、かたむいた自転軸の北極側が太陽の方向を向くため、太陽光を多く受け気温があがる。冬になると、自転軸の南極側が太陽の方向に向くため、太陽光の受け方が少なくなり気温がさがる

「うるう年」の決め方

現在も使われる「グレゴリオ暦」のルール

　「うるう年」は、1年を365日と約4分の1日とした「ユリウス暦」で、すでに決められていました。約4分の1日のずれを調整するために、4年に一度、1年を1日増やした366日とし、その年をうるう年に決めていたのです。

　うるう年をつくらないと、1年後には暦が示している日と自然のリズムが、約4分の1日ずれます。4年がすぎると約1日ずれ、40年すぎると約10日ずれることになります。さらに400年もたつと、ずれはおよそ100日になります。こうなると、暦では5月になっているのに、寒くて大雪が降ったり、7月になっているのに、桜がさいたりしているといったことになってしまいます。暦が自然のリズム、つまり正しい1年と合わなくなるのです。

　1582年には、ローマ教皇グレゴリウス13世によって、さらに細かなうるう年のルールが決められました。これにより、3000年に1日くらいしかずれなくなり、現在でも「グレゴリオ暦」として使われています。

グレゴリウス13世

新しい暦について話し合う学者たち

地球の公転と暦のずれ

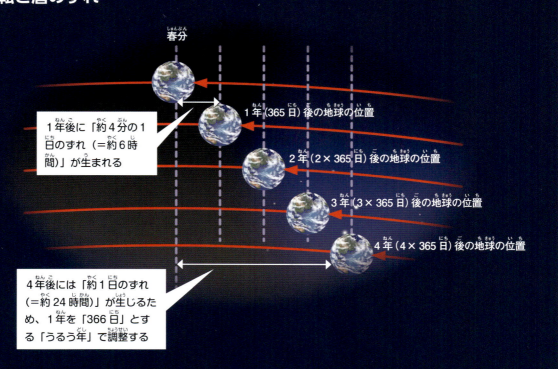

地球は365日と約4分の1日で太陽の周りを回る（公転）ので、1年後、2年後、3年後の地球の位置は上の図のようにずれていき、4年後には約1日ずれる。これを調整するために、4年に一度、1年を1日増やした366日とし、うるう年に決めたのが「ユリウス暦」だ

しかし、「約4分の1日（＝約6時間）」をより正確に表すと「約5時間50分」となるため、ユリウス暦では長い年月の間にずれが生まれる。それを調整したのが「グレゴリオ暦」で、そのルールは下の通り決められた

ルール

① 西暦年が4で割り切れる年は、「2月28日」の後に「2月29日」を追加して、うるう年（366日）にする
② ①の中から西暦年が100で割り切れる年を、ふつうの年（365日）にする
③ ②の中から西暦年が400で割り切れる年を、うるう年（366日）にもどす

正確な暦を使おうではないか

グレゴリウス13世
（1502～1585年）

第226代ローマ教皇。ユリウス暦が決まってから1500年以上たった1582年、ずれを修正するために「グレゴリオ暦」を制定した

ふりこの決まりを発見！

ランプのゆれるはばが変わっても……

今から400年以上前の1582年、イタリアの天文学者ガリレオ＝ガリレイは、礼拝堂の天じょうからつり下がっていたランプのゆれを見て、あることに気づきました。ガリレイは、自分の脈に指を当て、ランプのゆれるはば（ふれはば）が変わっても、往復する時間は変わらないということを発見したのです。

これを「ふりこの等時性」と呼び、この法則を利用して、短い時間をはかる時計をつくることができました。

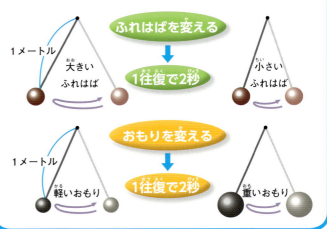

ふりこの等時性
ふりこのひもの長さを一定にすると、ふれはばを大きくしても、おもりの重さを変えても、往復する時間は同じ

ふれはばも重さも関係ない

ガリレオ＝ガリレイ
（1564〜1642年）

ガリレイは、ふりこの等時性のほかに、重い物も軽い物も同じ速さで落ちる法則（落体の法則）を発見した。また、コペルニクスが唱えた「地動説」が正しいと支持した

第1章 時間はこうしてつくられた

ふりこ時計って何だろう？

「ふりこの等時性」をもとにつくられたのが「ふりこ時計」です。時計の中のふりこがゆれる回数によって、時間を表示するしくみになっています。このような時計を「機械式時計」と呼び、昼でも夜でも使え、たいへん正確です。ガリレイが発見したふりこの等時性は、時計の精度を発展させる大発見だったのです。

さらに、オランダの科学者クリスチャン＝ホイヘンス（1629〜1695年）がさまざまな改良を加え、ついに1日に約10秒しかずれないふりこ時計をつくることに成功しました。

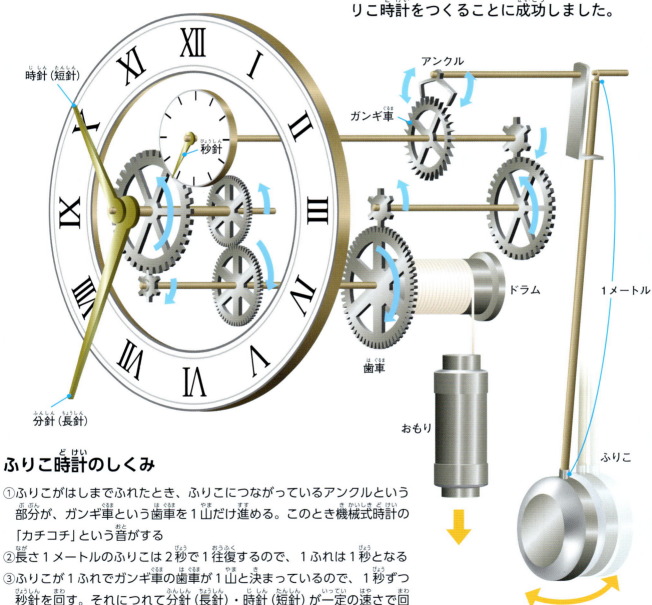

ふりこ時計のしくみ

①ふりこがはしまでふれたとき、ふりこにつながっているアンクルという部分が、ガンギ車という歯車を1山だけ進める。このとき機械式時計の「カチコチ」という音がする

②長さ1メートルのふりこは2秒で1往復するので、1ふれは1秒となる

③ふりこが1ふれでガンギ車の歯車が1山と決まっているので、1秒ずつ秒針を回す。それにつれて分針（長針）・時針（短針）が一定の速さで回るように歯車が組み合わされ、回転運動を伝えるしくみになっている

④おもりが下がっていくときの力を、ガンギ車とアンクルによってふりこに伝えているため、ふりこが止まらずに動き続ける

第2章 日本人のくらしと時間
日本の「時間」「暦」はどのように決まったの？

江戸時代の時刻制度

⌛ 時間の長さが変わる「不定時法」

江戸時代までの日本では、日の出から日の入りまでの昼間を6等分した「1刻」という時間の長さを使っていました。同じように、日の入りから日の出までの夜も6等分して1刻です。このような時刻制度を「不定時法」といいます。

不定時法では、1時間の長さが季節によって変わります。夏は昼間が長く、夜が短いので、昼の1時間は長く、夜の1時間は短くなります。冬になると、昼の1時間は短くなります。昼と夜が同じになる春分・秋分には、1日中1時間の長さが同じになります。

現在、世界のほとんどの国では、季節や昼夜に関係なく、1日を24等分して1時間と決める「定時法」を採用しています。日本では、1873（明治6）年に「グレゴリオ暦」が導入されたときに、西洋から取り入れられました。

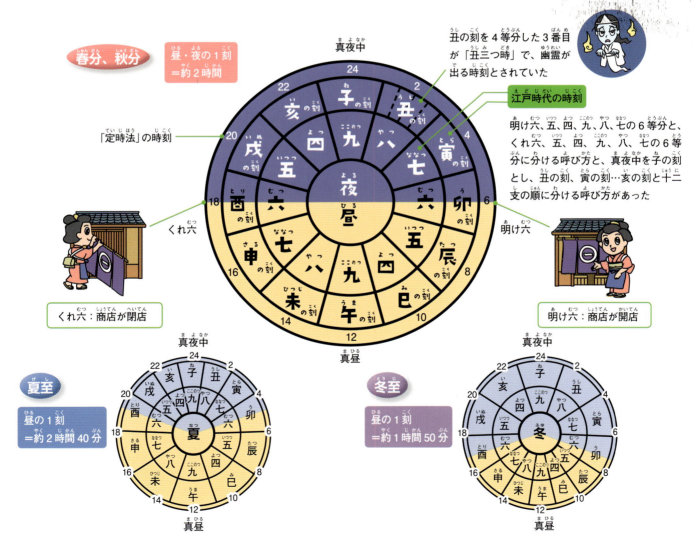

時刻を知らせる「時の鐘」

　江戸時代の日本で時間をはかるために使われていたのは、「香盤時計」や「和時計」です。香盤時計は、細長い線香が少しずつ燃えていくようすから時刻がわかるしくみです。和時計は、西洋から入ってきた機械式時計を参考にして日本でつくられたものです。

　しかし、これらの時計を使っていたのは、香盤時計は寺社、和時計は大名など一部の人に限られていました。そのため、寺社や城では決まった時刻に鐘を鳴らす「時の鐘」で、人びとに時刻を知らせていました。

日本人のくらしと暦

穀雨
春雨が降り、田畑をうるおす。稲の種まきを行うころ

4月5日ごろ 清明
4月20日ごろ 穀雨
5月5日ごろ 立夏
5月21日ごろ 小満

小満
かつては、田に苗を植える準備を始めたころ

6月6日ごろ 芒種
6月21日ごろ 夏至
地球
7月7日ごろ 小暑
7月23日ごろ 大暑
8月7日ごろ 立秋
8月23日ごろ 処暑
9月7日ごろ 白露

夏

夏至
昼がもっとも長い。梅雨に入っているところが多い

処暑
稲が実り始める。台風が多い時期

秋

二十四節気って何だろう？

　日本では、古くから農業が大切な仕事でした。農業では、食べ物となる植物を育てるために気温や雨の量、昼の長さなど、1年間の自然のリズムをよく知っておくことが必要です。そのため日本の暦には、季節ごとにさまざまな目印となる日が設けられています。
　「二十四節気」は、1年を24等分してそれぞれの日に名前をつけたものです。夏至・冬至・春分・秋分はその代表的な例で、夏至は太陽がもっとも高くのぼる日、冬至はもっとも低くなる日です。立春・立秋は、それぞれ春の始まり、秋の始まりとされています。冬の寒さがきびしいころには、小寒・大寒という名前の日もあります。二十四節気は1年の太陽の位置をもとにして決められます。そのため、年によって日付が1日変わることがあります。

第2章 日本人のくらしと時間

春

春分
昼と夜の長さがほぼ等しい日。さくらがさき始めるところもある

3月20日ごろ 春分
3月5日ごろ 啓蟄
2月19日ごろ 雨水
2月4日ごろ 立春
1月20日ごろ 大寒
1月5日ごろ 小寒

冬至
昼がもっとも短い。寒さがきびしくなり始める

12月22日ごろ 冬至
12月7日ごろ 大雪
11月22日ごろ 小雪
11月7日ごろ 立冬
10月23日ごろ 霜降
10月8日ごろ 寒露
9月23日ごろ 秋分

冬

太陽

秋分
秋の彼岸の真ん中の日。昼と夜の長さがほぼ等しい

霜降
秋も終わり、霜が降りるところもある

★ **旧暦と「うるう月」**

ひとやすみ

日本では1872(明治5)年まで「旧暦」が使われていた。これは月の満ち欠けをもとにした暦で、新月になる日をその月の1日とし、次の新月の日がやってくると、次の月の1日とした。旧暦では1年は約354日となり、実際の季節と暦のずれが大きくなる。そのため、数年間に一度「うるう月」を入れ、その年は13か月間とした。

正月
現代の暦…1月1日
旧暦…1月下旬から2月中旬ごろ

七夕
現代の暦…7月7日
旧暦…8月上旬から下旬ごろ

世界各国の時刻のちがい

モスクワ（ロシア）　朝7時

ロンドン（イギリス）　夜中3時

ブエノスアイレス（アルゼンチン）　夜中0時

明石（日本）　昼12時

太陽

アンカレッジ（アメリカ）　夕方6時

ニューヨーク（アメリカ）　夜10時

国によって異なる「標準時」

　テレビで生中継される外国のようすを見ると、日本が昼間なのに外国は夜だったりすることがあります。これは地球が丸く、太陽の光があたる半分だけが昼間だからです。
　日本が昼の12時のときに、地球のちょうど反対側にあるアルゼンチンのブエノスアイレスでは、同じ日の夜中の0時です。このときロシアのモスクワでは、同じ日の朝の7時、アメリカのアラスカ州にあるアンカレッジでは、前日の夕方の6時です。
　世界各国は、その国が決めた経線（子午線）の真上に太陽が来たときを、昼の12時（正午）とする「標準時」を使っています。
　標準時は経度によって決められます。イギリスのロンドンを通る経線（本初子午線）を0度（0°）として、それより東を東経、西を西経と

第2章 日本人のくらしと時間

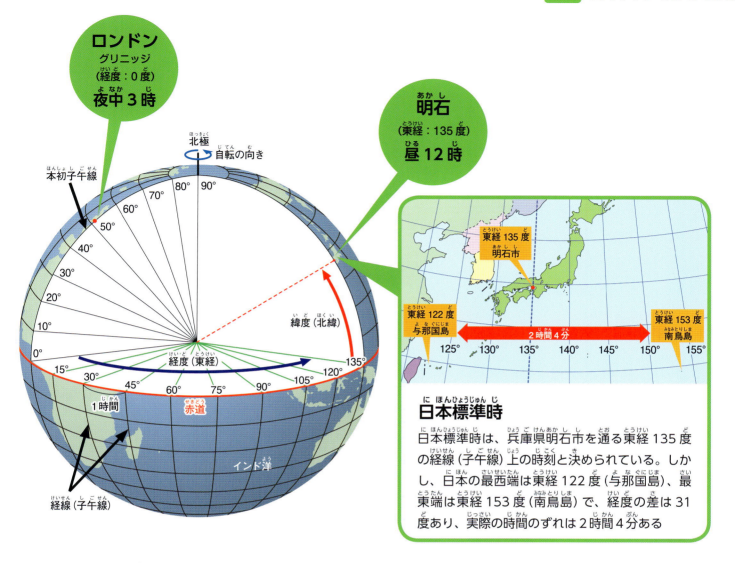

地球は、西から東へ約24時間で1回転（自転）する。そのため、経度15度につき約1時間のずれ（時差）が生まれる

日本標準時

日本標準時は、兵庫県明石市を通る東経135度の経線（子午線）上の時刻と決められている。しかし、日本の最西端は東経122度（与那国島）、最東端は東経153度（南鳥島）で、経度の差は31度あり、実際の時間のずれは2時間4分ある

しています。日本では、兵庫県明石市を通る東経135度の位置の時刻を「日本標準時」と決めています。日本では標準時は1つですが、アメリカやロシアのように東西に広い国では、標準時は複数あり、同じ国でも地域によって時刻が異なることがあります。また、ある時の国や地域の間の標準時の差を「時差」と呼び、たとえば、日本とアメリカのニューヨークとの時差は14時間です。

世界中に飛行機が行き来し、24時間通信ができるようになって、世界共通の時間が必要になりました。これを「世界時」と呼び、貿易や銀行などで使われます。世界時は、経度が0度の場所の時間です。経度の基準は、ロンドンにあったグリニッジ天文台が天体の観測をして決めたため、今でも世界時のことを「グリニッジ標準時」と呼ぶことがあります。日本標準時は世界時と比べて9時間の差があります。

第3章 時間をはかるすごい技術
「1日」の長さがのびている？

地球の自転をおそくする要因「風の力」

地球の自転と反対方向に強い風がふくと、大きな山脈がかべになって、自転をおそくする

大気の分布

地球を取り巻く大気の分布の変化が、地表とのまさつを生む

私たちが生きる現在、1日の長さは約24時間です。これは地球が1回自転するのにかかる時間です。ところが、時間をはかる技術が発達するとともに、1日の長さは少しずつ変化していることがわかってきました。年月がたつほど、地球の自転はだんだんおそくなっていき、1日が長くなることが明らかになったのです。地球の自転をおそくする要因として、潮の満ち干や風の力などが考えられます。しかし今後、どれだけおそくなっていくかは、正確には予想できません。とくに地球内部の動きのことがまだよくわかっていないからです。第3章では、地球が自転する時間の変化までも明らかにする、時間をはかる技術の発達について見ていきましょう。

*コア：地球内部は、卵の黄身・白身・殻のように、コア（核）・マントル・地殻という大きく3つの層からなる。コアは内核と外核に分けられる。ともに、鉄やニッケルでできているが、外核は高温の熱により、どろどろにとけた液状になっていると考えられている

第3章 時間をはかるすごい技術

地球の自転をおそくする要因「潮の満ち干」

潮が満ちたり引いたりする（潮の満ち干）たびに、たいへんな量の水が行き来する。この海水の動きと海底とのまさつが地球の自転にブレーキをかけ、自転をおそくする

地球の自転

 月

 …地球の自転を変化させる可能性があるその他の要因

マントル

地球内部の動き

地球内部では、コア*外側の液状部分の動きがある。さらに、マントル*がゆっくりと動き、その動きに乗ってプレート*が動く。このような地球内部の動きが自転を変化させる

コア

地殻

 火山活動・地震

火山噴火や地震が、地形の変化や地球内部の動きの変化をもたらす

降雨 降雨が、地球上の水の分布の変化をもたらす

氷山の移動 大きな氷山の移動が、海水の動きの変化をもたらす

*マントル：マントルは岩石からなり、プルームと呼ばれる対流運動があるとされている
*プレート：地球表面をおおう地殻とマントル最上部からなるかたい岩石層。大きくは、14〜15枚の板状に分かれるとされている

29

正確な「クオーツ時計」

水晶の振動がふりこの役目

　現在、もっとも多く使われている時計は、「クオーツ時計」です。クオーツとは水晶（石英）のことで、電圧をかけると一定の周期で規則的に振動する水晶の性質を利用して、クオーツ時計が開発されました。なお、この性質を発見したのは、フランスの物理学者キュリー兄弟＊です。

　水晶の形を音楽で使うおんさのようなＵ字型に調整すると、思い通りの周期で振動させることができます。これを「水晶発振子」と呼び、その大きさは指先に乗るほど小さく、ごくわずかの電力で使うことができます。また、水晶発振子が正確なふりこの役目をするので、クオーツ時計は機械式時計よりも精度が高く、1年間使っても2〜3分しかずれません。

石英の中で、無色・透明のものを水晶と呼ぶ

水晶の性質

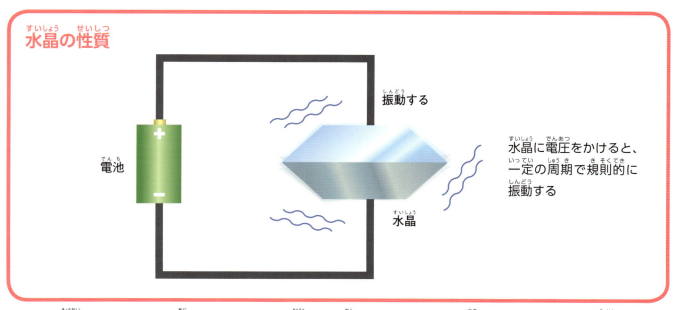

水晶に電圧をかけると、一定の周期で規則的に振動する

＊キュリー兄弟：ジャック＝キュリー（兄）、ピエール＝キュリー（弟）。1903年、ピエール＝キュリーは、妻のマリ＝キュリー（キュリー夫人）らとともに、ノーベル物理学賞を受賞している。

第3章 時間をはかるすごい技術

クオーツ時計のしくみ

水晶は電圧をかけると1秒間に数万から数百万回振動する。ただし、そのままでは振動が多すぎるので、クオーツ時計に組みこまれた水晶発振子では、IC（集積回路）という電子部品が水晶の振動を計算し、1秒間に1回の正確な電気信号につくり変える。さらにその電気信号を回転運動に変えて歯車を動かし、秒針を回転させる

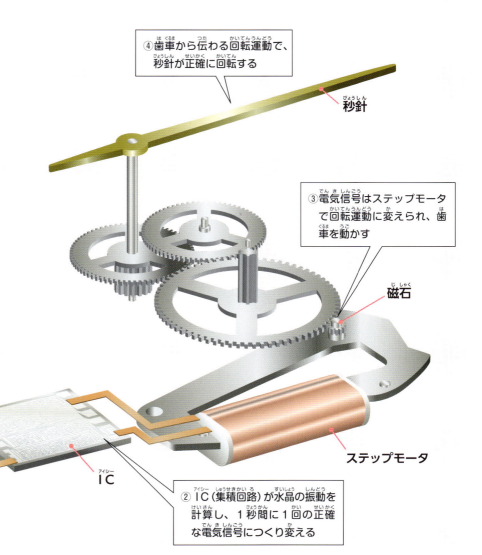

④歯車から伝わる回転運動で、秒針が正確に回転する

秒針

③電気信号はステップモータで回転運動に変えられ、歯車を動かす

磁石

①水晶発振子に電圧がかかり、水晶が振動する

ステップモータ

水晶発振子

IC

②IC（集積回路）が水晶の振動を計算し、1秒間に1回の正確な電気信号につくり変える

ひとやすみ ★ 生活に欠かせないクオーツ時計

私たちが生活のなかで使う多くの電化製品やスマートフォンには、クオーツ時計が組みこまれている。それは時間を表示するだけでなく、電化製品やスマートフォンの機能を目的の状態にするために、クオーツ時計の正確なはたらきを利用している。

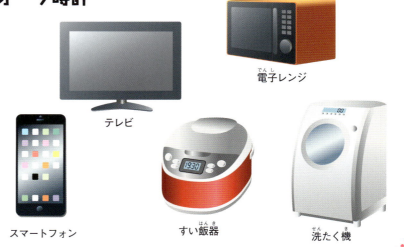

電子レンジ

テレビ

スマートフォン

すい飯器

洗たく機

31

「原子時計」は国際基準

原子の振動数が1秒を決める

　自然界にあるすべてのものは、「原子」という小さな粒子（つぶ）からできています。原子は、原子核とその周りを動く電子でできていて、1億分の1センチメートルくらいの大きさしかありません。2016年現在、118種類の原子が知られていて、その内自然界には92種類の原子があります。自然界にはさまざまなものがありますが、原子の種類は少ないのです。そして同じ種類の原子は性質もすべて同じです。

　原子の特ちょうは、種類ごとに決まった速さで振動することです。それは季節や地域によって変わることはなく、「マイクロ波*」と呼ばれる電波として測定することができます。

　この原子から出るマイクロ波を測定して時間をはかるしくみが「原子時計」です。原子の振動回数は季節や地域によって変わらないので、世界共通の「時間のものさし」にふさわしく、1967年に行われた国際度量衡総会*で「1秒間とは、セシウム原子が91億9263万1770回振動する時間」と定められました。いっぽう、ルビジウム原子を使った原子時計は、手のひらに乗るくらいの小型のものでも、1000年間に1秒しかずれません。

原子の特ちょう

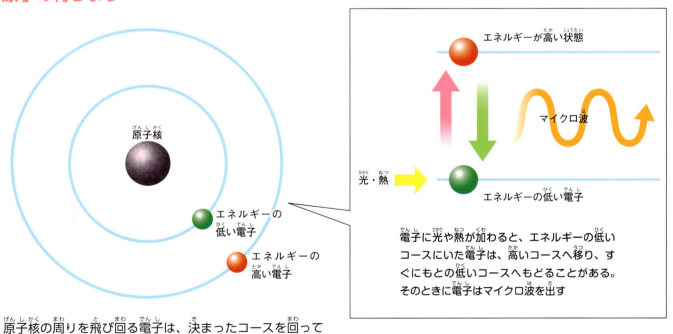

原子核の周りを飛び回る電子は、決まったコースを回っている。原子核に近いコースを回る電子はエネルギーが低く、遠いコースを回る電子のエネルギーは高い

電子に光や熱が加わると、エネルギーの低いコースにいた電子は、高いコースへ移り、すぐにもとの低いコースへもどることがある。そのときに電子はマイクロ波を出す

＊マイクロ波：電波の周波数による分類の1つで、波長は1〜10センチメートル。電波のなかで最も短い波長域であることから、「マイクロ」とつけられている
＊国際度量衡総会：重さや長さなど、世界共通の単位の決め事を行う国際会議

セシウム原子時計のしくみ

原子時計はクオーツ時計と組み合わせたもので、クオーツ時計の時間がずれそうになると、セシウム原子の振動数に合せて、時間を調整したり修正したりする

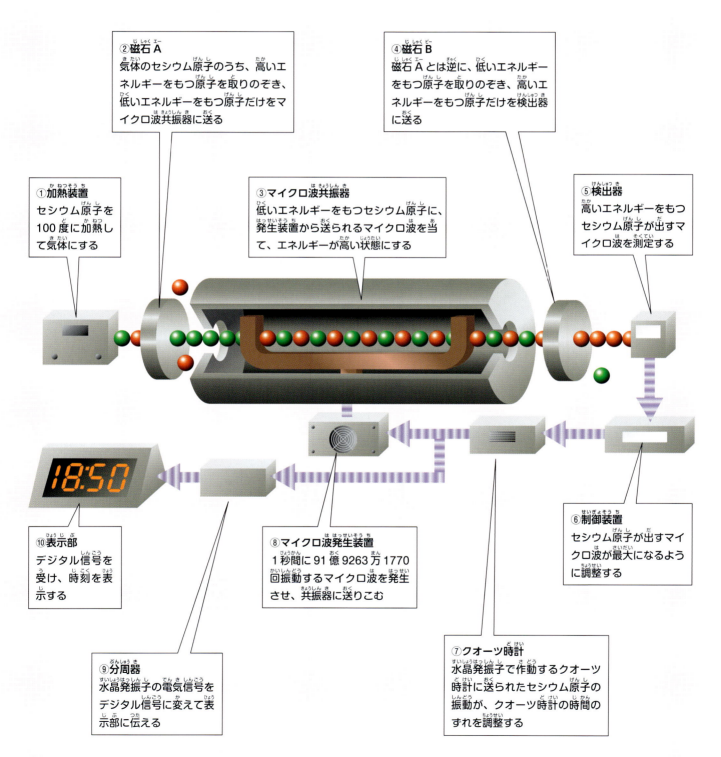

くらしに役立つ原子時計

正確な場所がわかる GPS

　原子時計がつくり出す正確な時間は、私たちの日常生活のさまざまな場面で使われています。たとえば、テレビやラジオがとぎれることなく放送を行うことができるのは、時間を正確に守っているからです。そのために、原子時計がつくり出した共通の正確な時間が使われます。また、コンピュータのネットワークも、正確に時間を守ることで、高速な情報通信を行うことができます。情報化社会を支える技術の1つが原子時計なのです。

　私たちのくらしに役立っているもっともわかりやすいものに、原子時計が組みこまれた人工衛星を使って場所を測定する「GPS*」などのシステムがあります。

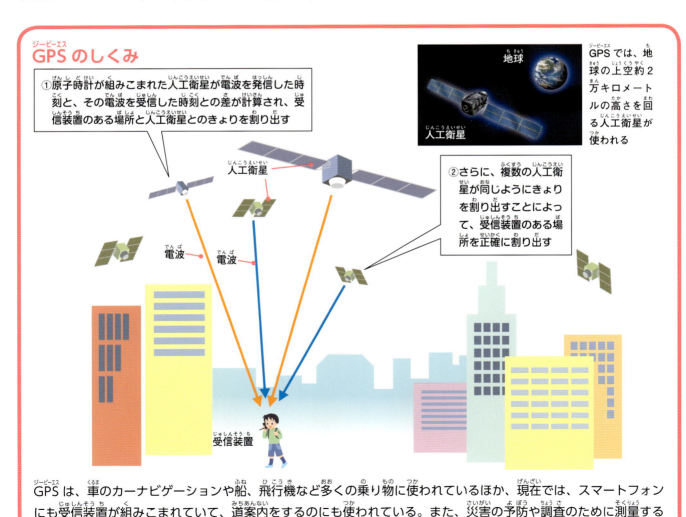

GPSのしくみ

①原子時計が組みこまれた人工衛星が電波を発信した時刻と、その電波を受信した時刻との差が計算され、受信装置のある場所と人工衛星とのきょりを割り出す

②さらに、複数の人工衛星が同じようにきょりを割り出すことによって、受信装置のある場所を正確に割り出す

GPSでは、地球の上空約2万キロメートルの高さを回る人工衛星が使われる

GPSは、車のカーナビゲーションや船、飛行機など多くの乗り物に使われているほか、現在では、スマートフォンにも受信装置が組みこまれていて、道案内をするのにも使われている。また、災害の予防や調査のために測量するときにも使われる

＊ GPS：Global Positioning System（全地球測位システム）の頭文字からつけられている

34

科学の研究に利用される原子時計

　超高精度な原子時計は、科学の研究にも使われます。広い太陽系を飛んでいく惑星探査機が、どこにあるのかを正確に知るためにも原子時計が必要です。

　また、「VLBI*」という天体観測方法にも、原子時計が利用されています。VLBIとは、はるか数十億光年のかなたにある星から地球に届く電波を利用して、数千キロメートルもはなれた地球上のアンテナのきょりを、数ミリメートルの誤差で測ることができる測量技術です。この技術は、天体の研究や地球の大陸が動くようすを研究するために使われています。

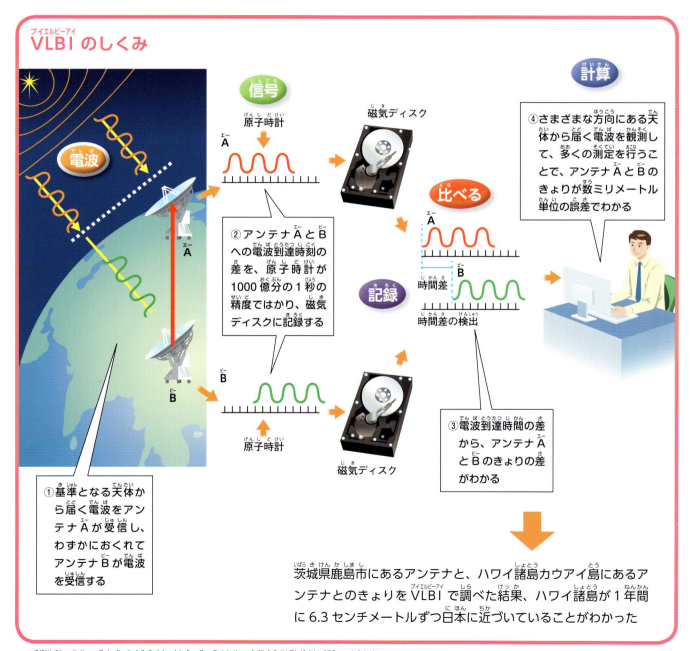

VLBIのしくみ

① 基準となる天体から届く電波をアンテナAが受信し、わずかにおくれてアンテナBが電波を受信する

② アンテナAとBへの電波到達時刻の差を、原子時計が1000億分の1秒の精度ではかり、磁気ディスクに記録する

③ 電波到達時間の差から、アンテナAとBのきょりの差がわかる

④ さまざまな方向にある天体から届く電波を観測して、多くの測定を行うことで、アンテナAとBのきょりが数ミリメートル単位の誤差でわかる

茨城県鹿嶋市にあるアンテナと、ハワイ諸島カウアイ島にあるアンテナとのきょりをVLBIで調べた結果、ハワイ諸島が1年間に6.3センチメートルずつ日本に近づいていることがわかった

＊ VLBI：Very Long Baseline Interferometry（超長基線電波干渉法）の頭文字からつけられている

世界共通、時間のものさし

重要な役割を果たす「正確な時間」

　現代では、多くの国が通信や貿易で交流をしています。このような交流において、世界共通の「ものさし」を使うことは重要です。時間や長さ、重さなどをはかるときに、ものさしが共通でないと、取引をするときに不便だからです。

　現在、私たちが使っている時間は、原子時計によってつくり出されたものです。1秒間の長さは、セシウム原子を使った原子時計ではかることが世界の取り決めになっています。原子時計は精度が高く、あつかいやすいため、世界共通の「時間のものさし」として利用されているのです。

　ものさしとしての正確な時間をつくるためには、多くの国の協力が必要です。原子時計は1台だけでは故障が心配ですし、正確かどうかもわかりません。そこで世界各国は、独自の原子時計をもっています。しかしそうすると、日本やアメリカ、フランスなど、世界各国の原子時計をぴったり合わせなければいけません。そのため、遠くはなれた場所の時間を比べることができるGPS衛星が利用されています。

　正確な時間をつくる原子時計は、日本では情報通信研究機構が管理しています。そこでは、世界時をもとに9時間進めた時刻を日本標準時として、さまざまな機器に配信しています。

　そして現在、世界各国では、より精度の高い原子時計をつくる研究が進められています。将来は、100億年に1秒しかずれない超高精度の時計も実用化されるでしょう。時計の果たす役割はますます重要になっています。

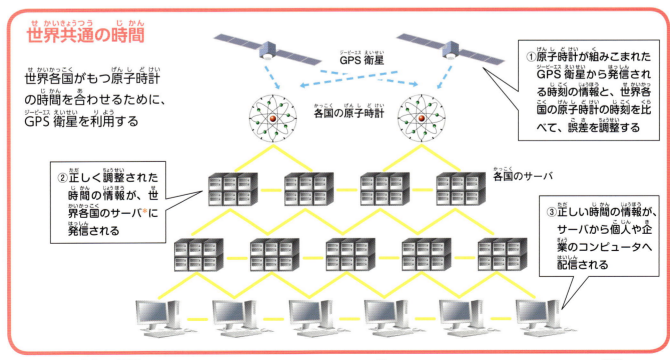

世界共通の時間

世界各国がもつ原子時計の時間を合わせるために、GPS衛星を利用する

①原子時計が組みこまれたGPS衛星から発信される時刻の情報と、世界各国の原子時計の時刻を比べて、誤差を調整する

②正しく調整された時間の情報が、世界各国のサーバ*に発信される

③正しい時間の情報が、サーバから個人や企業のコンピュータへ配信される

*サーバ：もとの意味は「提供者」。ここでは、ネットワークでつながったコンピュータ上で、ほかのコンピュータにファイルやデータなどを提供するコンピュータのこと

第3章 時間をはかるすごい技術

原子時計の正しい時間情報の配信

原子時計でつくられた正しい時間の情報は、電波やインターネットを通じて配信される。それを受ける側の機器などには、情報を受信する装置が組みこまれている

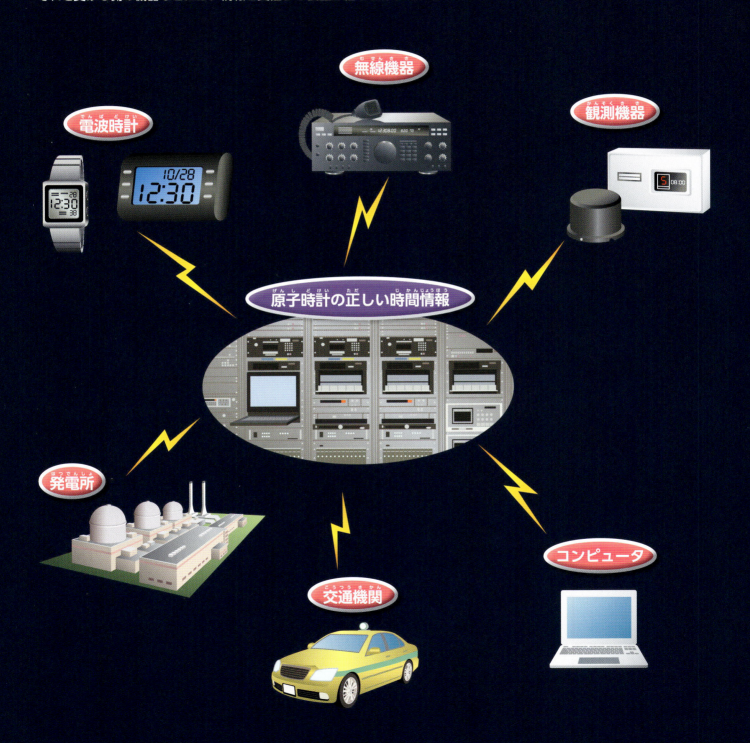

さくいん

あ行
- 明石（明石市）············· 26, 27
- 明け六··························· 22
- アメリカ···················· 26, 27, 36
- アリストテレス····················· 8
- アルゼンチン······················ 26
- アンカレッジ······················ 26
- イギリス··························· 26
- 1時間······················· 11, 22, 27
- 1日············ 6, 8, 9, 13, 16, 17, 19, 22, 24, 28
- 1年（1年間）········· 13, 14, 15, 16, 17, 24, 25, 30, 35
- 1秒（1秒間）········ 19, 31, 32, 33, 36
- 1か月··························· 7, 13
- 1刻······························· 22
- 1週間···························· 12
- 丑の刻···························· 22
- うるう月·························· 25
- うるう年····················· 16, 17

か行
- 下弦···························· 7, 12
- 火山活動························· 29
- ガリレオ＝ガリレイ············ 18, 19
- ガンギ車························· 19
- 機械式時計················ 19, 23, 30
- 旧暦····························· 25
- キュリー兄弟······················ 30
- クオーツ時計·············· 30, 31, 33
- クリスチャン＝ホイヘンス········ 19
- グリニッジ天文台·················· 27
- グリニッジ標準時·················· 27
- グレゴリウス13世·············· 16, 17
- グレゴリオ暦············· 12, 16, 17, 22
- くれ六···························· 22

- 経線························ 26, 27
- 経度（東経・西経）·········· 26, 27
- 夏至···················· 15, 22, 24
- 原子···························· 32
- 原子核························· 32
- 原子時計········· 32, 33, 34, 35, 36, 37
- コア（核）······················ 28, 29
- 公転····················· 14, 15, 17
- 公転軸·························· 15
- 穀雨···························· 24
- 国際度量衡総会················· 32
- 古代エジプト········ 6, 9, 10, 13, 14, 15
- 古代ギリシア····················· 8, 9
- 古代バビロニア············· 9, 12, 13
- 古代ローマ······················ 14
- 暦······ 12, 13, 14, 15, 16, 17, 20, 21, 24, 25

さ行
- サーバ·························· 36
- GPS（全地球測位システム）······ 34
- GPS衛星························ 36
- 潮の満ち干··················· 28, 29
- 子午線························ 26, 27
- 時差························· 21, 27
- 時針（短針）················· 13, 19
- 自転················· 6, 15, 27, 28, 29
- 自転軸·························· 15
- 周期····················· 14, 15, 30
- 秋分·················· 15, 22, 24, 25
- 12進法·························· 13
- 春分··················· 15, 17, 22, 24, 25
- 正月···························· 25
- 上弦···························· 7, 12
- 情報通信研究機構················ 36

38

小満	24	日時計	9, 10, 21
処暑	24	日の入り	6, 9, 10, 22
新月	7, 12, 25	日の出	6, 9, 13, 22
水晶	30, 31	標準時	26, 27
水晶発振子	30, 31, 33	秒針	13, 19, 31
砂時計	10, 11	VLBI（超長基線電波干渉法）	35
世界時	27, 36	ブエノスアイレス	26
赤道	15, 27	不定時法	22
セシウム原子	32, 33, 36	フランス	15, 36
線香時計	10, 11	ふりこ	18, 19, 30
霜降	25	ふりこ時計	19

た行

七夕	25	ふりこの等時性	18, 19
地殻	28	プレート	29
地動説	18	分針（長針）	13, 19
中国	11, 21	北極点（北極）	6, 15, 26, 27
月の満ち欠け	7, 25	本初子午線	26, 27
定時法	22		
電子	32		

ま行

天体	12, 27, 35	マイクロ波	32, 33
電波時計	37	満月	7, 12
冬至	15, 22, 24, 25	マントル	28, 29
時の鐘（鐘）	21, 23	水時計	10, 21
時の記念日	21	モスクワ	26

や行

約数	13
ユリウス暦	14, 16, 17
曜日	12

な行

ナイル川	14, 15		
中大兄皇子（天智天皇）	21		
南極点（南極）	6, 15		
二十四節気	24		
日本書紀	21		
日本標準時	27, 36		
ニューヨーク	26, 27		
子の刻	22		

ら行

ルビジウム原子	32
漏刻	10, 21
ろうそく時計	10, 11
60進法	13
ロシア	26, 27
ロンドン	26, 27

は行

歯車	19, 31

※ 赤文字の用語は、＊で説明を補っています。

監修

山口大学 時間学研究所（やまぐちだいがく じかんがくけんきゅうじょ）
生物学・医学・物理学・心理学・哲学・社会学・経済学などさまざまな分野の専門家が所属し、新しい学問としての「時間学」をつくるために研究を行っている。

著者

藤沢 健太（ふじさわ けんた）
1967年生まれ。東京大学大学院理学研究科修了。理学博士。宇宙科学研究所COE研究員、通信・放送機構国内招聘研究員、国立天文台助手、山口大学助教授・准教授を経て、山口大学教授・時間学研究所所長。著書に、『時間学概論』（共著）。

イラスト（p.4～5、p.20～21、p.28～29）

古沢 博司（ふるさわ ひろし）
長野県生まれ。大阪芸術大学デザイン科卒業。おもに動物・昆虫・恐竜などのネイチャーイラストと乗り物に関係するイラストを得意とし、近年は医学分野のイラストも手がけている。

イラスト（p.6～19、p.22～27、p.30～37）

関上 絵美（せきがみ えみ）
東京都在住。立教大学卒業。リアルイラストからキャラクターまで幅広い作風をもち、各種雑誌・書籍・広告・パッケージなど多方面にわたってイラストの制作を手がけている。二科展イラスト部門受賞歴あり。

取材協力

近江神宮時計博物館／セイコーミュージアム

企画・編集・デザイン

ジーグレイプ株式会社

この本の情報は、2016年3月現在のものです。

参考図書

『時間学概論』監修／辻 正二 著／藤沢 健太、青山 拓央、鎌田 祥仁、松野 浩嗣、井上 愼一、一川 誠、森野 正弘、石田 成則 編集／山口大学時間学研究所 恒星社厚生閣 2008年

『現代物理学の謎は原子時計で解決される！』著／梶田 雅稔 風詠社 2015年

『日時計／その原理と作り方』著／関口 直甫 恒星社厚生閣 2001年

『サイエンス大図鑑』著／アダム＝ハート＝デイヴィス 訳／日暮 雅通 河出書房新社 2011年

『古代イラク―2つの大河とともに栄えたメソポタミア文明』（ナショナルジオグラフィック 考古学の探検）著／ベス＝グルーバー 監修／トニー＝ウィルキンソン 訳／日暮 雅通 BL出版 2013年

『時と暦』（UP選書226）著／青木 信仰 東京大学出版会 1982年

『美しき時禱書の世界―ヨーロッパ中世の四季』著／木島 俊介 中央公論社 1995年

本書とあわせて読みたい本

『暦の科学』著／片山 真人 ベレ出版 2012年

『時間とは何か』著／池内 了、イラスト／ヨシタケ シンスケ 講談社 2008年

『時計の針はなぜ右回りなのか』（草思社文庫）著／織田 一朗 草思社 2012年（改訂新版）

ふしぎ？ふしぎ！〈時間〉ものしり大百科
①見える〈時間〉くらしに役立つ時計と暦

2016年6月10日　初版第1刷発行　〈検印省略〉

定価はカバーに表示しています

監　修	山口大学 時間学研究所
著　者	藤　沢　健　太
発行者	杉　田　啓　三
印刷者	田　中　雅　博

発行所　株式会社 ミネルヴァ書房
607-8494　京都市山科区日ノ岡堤谷町1
電話 075-581-5191／振替 01020-0-8076

©藤沢健太, 2016　　印刷・製本　創栄図書印刷

ISBN978-4-623-07707-6
NDC449/40P/27cm
Printed in Japan

動物の生態や消化のしくみをウンコから学ぶ

みてビックリ!
動物のウンコ図鑑
全3巻

山本 麻由 監修 / 中居 惠子 文

1 草食動物はどんなウンコ?
2 肉食動物はどんなウンコ?
3 雑食動物はどんなウンコ?

27cm　40ページ　NDC480　オールカラー　対象：小学校中学年以上

気をつけろ!
猛毒生物大図鑑
全3巻

今泉 忠明 著

山や森、海や川、家やまちにいる
猛毒生物がよくわかる!

① 山や森などにすむ　猛毒生物のひみつ
② 海や川のなかの　猛毒生物のふしぎ
③ 家やまちにひそむ　猛毒生物のなぞ

27cm　40ページ　NDC480　オールカラー　対象：小学校中学年以上

「本初子午線」と「時差」

　1884年、国際子午線会議において、ロンドン（イギリス）のグリニッジ天文台を通る子午線（経線）を「本初子午線」とすることが決まりました。本初子午線を「経度0度」とし、東と西にそれぞれ東経・西経180度まであります。本初子午線から経度15度につき1時間の「時差」（360度÷24時間）が基本になっていますが、実際の時差は国や地域により下図のように複雑に分けられています。

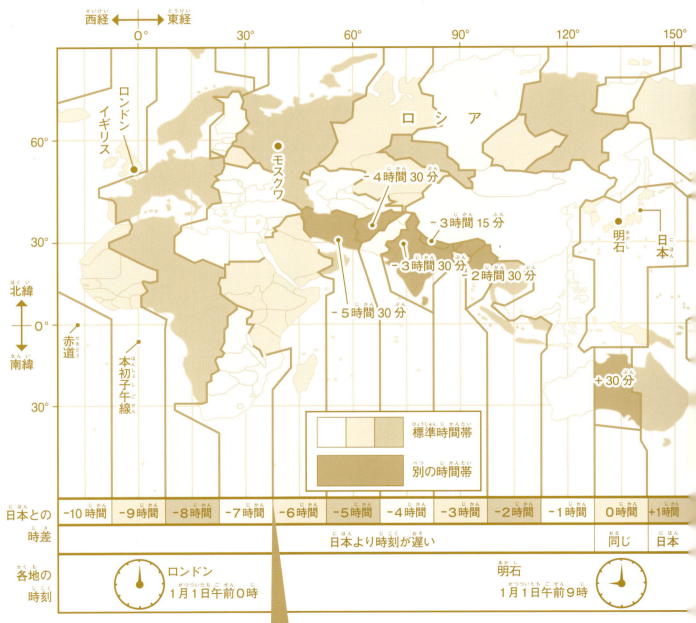